ORDONNANCE DU ROI,

Concernant l'Infanterie françoise.

Du 10. Décembre 1762.

DE PAR LE ROI.

SA MAJESTÉ voulant à l'occasion de la Paix, expliquer ses intentions sur les Régimens de son Infanterie françoise qu'Elle a résolu de maintenir sur pied : jugeant en même temps convenable d'en affecter plusieurs au service de la Marine & des Colonies, & leur donner à tous une constitution solide & invariable, qui puisse rendre l'état des Officiers assuré, de manière qu'ils n'aient plus rien à appréhender des réformes à venir ; Sa Majesté a ordonné & ordonne ce qui suit :

3

ARTICLE PREMIER.

Douze Régimens conservés à quatre Bataillons.

LES régimens de Picardie, Champagne, Navarre, Piémont, Normandie, la Marine, Boisgélin, Bourbonnois, Auvergne, Rougé, Chastelux, & du Roi, seront conservés à quatre Bataillons.

I I.

Sept Régimens mis à quatre Bataillons, au moyen de sept Régimens qui y seront incorporés.

LES Régimens Royal, de Poitou, Lyonnois, Dauphin, Vaubecourt, Touraine & Aquitaine, seront portés à quatre Bataillons, au moyen des Régimens que Sa Majesté a résolu d'y faire incorporer.

SÇAVOIR;

Sept Régimens incorporés.

Le Régiment de Cambis dans le Régiment Royal.
Le Régiment de Saint-Mauris dans le Régiment de Poitou.
Le Régiment de Nice dans le Régiment de Lyonnois.
Le Régiment de Guyenne dans le Régiment de Monsieur le Dauphin.
Le Régiment de Lorraine dans le Régiment de Vaubecourt.
Le Régiment de Flandre dans le Régiment de Touraine.
Et le Régiment de Berry dans le Régiment d'Aquitaine.

I I I.

Vingt-deux Régimens conservés à deux Bataillons & un à un Bataillon.

LES Régimens d'Eu, de Rosen, Montmorin, Briqueville, la Reine, Limosin, Royal-Vaisseaux, Orléans, la Couronne, Bretagne, Garde-Lorraine, Artois, Montrevel, Montmorency, la Sarre, la Fère, Condé, Bourbon, Penthièvre, Chartres, Conti & Enguyen, seront conservés à deux Bataillons, & celui de Mons. le Comte de la Marche à un Bataillon.

I V.

Dix-fept Régimens de deux Bataillons, & fix d'un Bataillon, affectés au fervice de la Marine.

LES Régimens Royal - Rouffillon, de Beauvoifis, Rouergue, Bourgogne, Royal-la-Marine, Vermandois, Languedoc, Aumont, Médoc, Puyfégur, Bouillé, Royal-Comtois, Laftic, Provence, Boulonnois, Foix & Querci, de deux Bataillons chacun ; & ceux d'Angoumois, de Périgord, Saintonge, Forès, Cambrefis & Tournefis, d'un Bataillon chacun, feront affectés au fervice de la Marine & des Colonies, & à la garde des Ports dans le Royaume.

V.

Noms de Provinces données aux Régimens qui n'en ont point.

SA MAJESTÉ voulant donner des noms permanens aux Régimens de l'Infanterie françoife qui n'en ont point, afin d'affurer la connoiffance & la mémoire de leurs actions, fon intention eft qu'à l'avenir ;

Le Régiment de Boifgélin, foit mis fous le titre de la *Province de Béarn.*
Le Régiment de Rougé, fous celui de la *Province de Flandre.*
Le Régiment de Chaftelux, fous celui de la *Province de Guyenne.*
Le Régiment de Vaubecourt, fous celui de la *Province d'Aunis.*
Le Régiment de Rofen, fous celui de la *Province de Dauphiné.*
Le Régiment de Montmorin ; fous celui de la *Province de l'Ifle de France.*
Le Régiment de Briqueville, fous celui de la *Province de Soiffonnois.*
Le Régiment de Montrevel, fous celui de la *Province de Berry.*
Le Régiment de Montmorency, fous celui de la *Province du Hainault.*
Le Régiment d'Aumont, fous celui de la *Province de Beauce.*
Le Régiment de Puyfégur, fous celui de la *Province de Vivarais.*
Le Régiment de Bouillé, fous celui de la *Province du Vexin.*
Et le Régiment de Laftic, fous celui de la *Province de Beaujolois.*

V I.

Rang confervé aux Régimens changeant de noms.

VEUT Sa Majefté que nonobftant le changement de noms defd. Régimens, ils confervent le rang dont ils jouiffent actuellement dans l'Infanterie.

V I I.

*Rang & service dans l'Infanterie, conservés aux Régimens affectés
à la Marine.*

QUOIQUE les vingt-trois Régimens nommés dans l'article IV.
soient particulièrement destinés au service de la Marine, des Colonies & des Ports, entend cependant Sa Majesté que les Officiers
qui y serviront, concourent, pour leur avancement, avec ceux qui
resteront affectés au service de terre, dont lesdits vingt-trois Régimens continueront de faire partie, & parmi lesquels ils conserveront le rang qui leur appartient; voulant Sa Majesté que dans les
circonstances où lesdits Régimens ne seroient utiles ni dans les Colonies, ni dans les Ports, ils soient employés dans les Armées comme les
autres Régimens, qui pareillement serviront aux Colonies, lorsque
ceux que Sa Majesté y destine plus particulièrement, n'y suffiront pas.

V I I I.

Prix des Régimens.

SA MAJESTÉ voulant établir l'uniformité dans le prix des Régimens de son Infanterie françoise, Elle donnera ses ordres pour
faire réduire ou augmenter, à mesure que les circonstances le permettront, le prix des Régimens qu'Elle a résolu de conserver sur
pied, jusqu'à ce que le Régiment de Picardie & ceux qui le suivent, jusques & compris le Régiment de la Fère, à la réserve de
son Régiment & de ceux qui ont à leur tête des Princes de son
Sang, soient tous à quarante mille livres; & que le Régiment
Royal-Roussillon & ceux qui le suivent, jusques & compris celui
de Querci, soient tous à vingt mille livres.

I X.

Composition des Bataillons.

TOUTES les compagnies de Fusiliers des Régimens d'Infanterie
françoise, seront doublées, pour composer les Bataillons de neuf
compagnies seulement, dont une de Grenadiers & huit de Fusiliers.

X.

Création de Fourriers dans chaque compagnie.

VEUT Sa Ma)efté qu'il foit établi dans chacune defdites compagnies, un Fourrier, dont les fonctions feront réglées ci-après.

X I.

Supreffion des Anfpeffades , & création d'Appointés à leur place.

VEUT auffi Sa Majefté que le grade d'Anfpeffade foit fupprimé dans toutes les compagnies d'Infanterie françoife, & qu'il foit créé , pour en tenir lieu, des places d'Appointés, dont les Fonctions feront auffi réglées ci-après.

X I I.

Compofition des compagnies de Grenadiers en temps de Paix & de Guerre.

CHACUNE des compagnies de Grenadiers fera, foit en temps de paix, foit en temps de guerre, commandée par un Capitaine, un Lieutenant & un Sous-Lieutenant; & compofée de deux Sergens, d'un Fourrier, quatre Caporaux , quatre Appointés, quarante Grenadiers & d'un Tambour.

Divifion defdites Compagnies par Efcouades.

LES quatre Caporaux, les quatre Appointés & les quarante Grenadiers feront diftribués en quatre Efcouades, de douze hommes chacune, dont un Caporal & un Appointé ; la première & la troifième de ces Efcouades formeront la première divifion, à laquelle fera attaché le premier Sergent ; la feconde & la quatrième Efcouades formeront la feconde divifion, à laquelle fera attaché le fecond Sergent : la première divifion fera fubordonnée au Lieutenant, la feconde au Sous-Lieutenant, ces deux Officiers en rendront tous les jours compte au Capitaine, qui en répondra au Major, le Major au Colonel, & en fon abfence, au Lieutenant-Colonel.

X I I I.

Remplacement des Grenadiers.

L'intention de Sa Majesté est que les Grenadiers qui viendront à manquer, continuent d'être remplacés sur le champ par les Compagnies de Fusiliers, chacune à leur tour.

X I V.

Composition des Compagnies de Fusiliers en temps de Paix.

Chacune des Compagnies de Fusiliers sera, en tout temps, commandée par un Capitaine, un Lieutenant & un Sous-Lieutenant; & composée, en temps de Paix, de quatre Sergens, d'un Fourrier, de huit Caporaux, huit Appointés, quarante Fusiliers & de deux Tambours.

Division desdites Compagnies par Escouades.

Les huit Caporaux, les huit Appointés & les quarante Fusiliers, formeront huit Escouades de sept hommes chacune, y compris un Caporal & un Appointé; la première & la cinquième Escouades formeront une première subdivision, à laquelle sera attaché le premier Sergent: la seconde & la sixième Escouades formeront une seconde subdivision, à laquelle sera attaché le second Sergent: la troisième & la septième Escouades formeront une troisième subdivision commandée par le troisième Sergent: la quatrième & la huitième Escouades formeront la quatrième subdivision, à laquelle sera attaché le quatrième Sergent: les première & troisième subdivisions formeront la première division, qui sera subordonnée au Lieutenant; & les seconde & quatrième subdivisions formeront la seconde division que commandera le Sous-Lieutenant; ces deux Officiers en rendront compte tous les jours au Capitaine, qui en répondra au Major, le Major au Colonel, & en son absence, au Lieutenant-Colonel.

X V.

Compoſition des Compagnies de Fuſiliers en temps de Guerre.

L'INTENTION de Sa Majeſté étant de ne plus augmenter à l'avenir le nombre de ſes Troupes par la création de nouveaux Régimens, ni même par des Compagnies nouvelles, dont l'expérience a démontré le mauvais uſage, & ayant réſolu de ne faire ces augmentations que par un nombre d'hommes réglé dans chaque Eſcouade, ſans augmentation d'Officiers ni de Bas-Officiers, Elle veut & entend que les Compagnies de Fuſiliers conſervent, ſoit en temps de Paix, ſoit en temps de Guerre, le nombre d'Officiers & de Bas-Officiers fixé par l'Article XIV. de la préſente Ordonnance, & Elle ſe réſerve de déclarer, lorſque les circonſtances l'exigeront, le nombre d'hommes dont Elle jugera à propos d'augmenter les Eſcouades de chaque Compagnie.

X V I.

Suppreſſion des Commandans de Bataillons, qui ſeront commandés par le plus ancien Capitaine.

SA MAJESTÉ ayant réſolu de donner à l'État-Major de chaque Régiment, une nouvelle compoſition plus utile à ſon ſervice, en ſupprimant quelques emplois qui lui paroiſſent inutiles, & en créant quelques-uns qu'Elle a jugé néceſſaires, Elle veut & entend que la place de Commandant de Bataillon ſoit ſupprimée, quant à préſent, & que chaque Bataillon ſoit commandé par le plus ancien des Capitaines; ſe réſervant Sa Majeſté de rétablir leſdites Places, lors de la Guerre, & d'y nommer les plus anciens Capitaines de Grenadiers, leſquels alors n'auront point de Compagnies.

X V I I.

Création d'un Sous Aide-Major par Bataillon.

POUR ſoulager le Major & les Aides-Major dans leurs fonctions, Sa Majeſté a réſolu de créer dans chaque Bataillon une charge de Sous-Aide-Major.

XVIII.

Création d'un Tréforier par Régiment.

L'INTENTION de Sa Majefté étant que le Major ne foit pas diftrait des fonctions principales de fa charge, qui confiftent dans la police, la difcipline, la tenue & les exercices, Elle a réglé qu'il feroit établi dans chaque Régiment, un Tréforier, pour être particulièrement chargé de l'adminiftration des deniers.

XIX.

Création d'un Quartier-maître par Régiment.

VEUT pareillement Sa Majefté qu'il foit établi dans chaque Régiment, un Quartier-maître, dont les fonctions font réglées ci-après.

XX.

Création d'un Tambour-Major.

IL fera auffi créé dans chaque Régiment, un Tambour-Major, pour veiller à la difcipline prefcrite parmi les Tambours.

XXI.

Suppreffion des Enfeignes, & création de Porte-Drapeaux.

LES deux Enfeignes qui exiftent dans chaque Bataillon, feront fupprimés, & il fera créé deux places de Porte-Drapeaux.

XXII.

Suppreffion des Prévôtés.

LES places de Marêchal-des-Logis, le Prevôt, fon Lieutenant, le Greffier, les Archers & l'Exécuteur, qui font établis dans plufieurs Régimens, feront fupprimés & renvoyés.

XXIII.

Compofition de l'Etat-Major.

AU moyen de ce qui eft prefcrit par les Articles XVI. XVII. XVIII.

XVIII. XIX. XX. XXI. & XXII. de la préfente Ordonnance, l'État-Major de chaque Régiment, fera compofé d'un Colonel, d'un Lieutenant-Colonel, d'un Major, d'un Aide-Major par Bataillon, d'un Sous-Aide-Major auffi par Bataillon, de deux Portes-Drapeaux par Bataillon, d'un Quartier-maître, d'un Tréforier, d'un Tambour-Major, d'un Aumônier & d'un Chirurgien.

X X I V.

Choix des Lieutenans-Colonels & des Majors.

SA MAJESTÉ confidérant que le bien de fon fervice éxige que les charges de Lieutenant-Colonel & de Major des Régimens, foient remplies par les Sujets les plus diftingués, tant par leur fervice que par leurs talens, & voulant de plus en plus ranimer l'émulation parmi les Officiers de fes Troupes ; Elle a réfolu de s'en réferver la nomination, & de choifir à l'avenir les fujets qui devront les remplir parmi ceux des Capitaines de tous les Régimens d'Infanterie indiftinctement, qu'Elle jugera devoir mériter cet avancement.

X X V.

Rang & autorité du Major.

SA MAJESTÉ trouvant convenable au bien de fon fervice, que le Major ait en tout temps fur les Capitaines l'autorité dont il a befoin pour remplir fes fonctions ; Elle veut qu'à l'avenir la charge de Major foit dans tous les Régimens d'Infanterie un grade fupérieur à celui de Capitaine, & que ledit Major commande le Régiment, en l'abfence du Colonel & du Lieutenant-Colonel, & en leur préfence fous leur autorité, & qu'il paffe du grade de Major à celui de Lieutenant-Colonel ou de Colonel, pour devenir Officier général.

X X V I.

Le Major chargé fupérieurement des menues réparations.

LE Major fera feul chargé d'ordonner, fous l'autorité du Colonel & du Lieutenant-Colonel, les menues réparations, dont il

B

confiera le foin, dans chaque Bataillon, aux Aides-Major & aux Sous-Aides-Major, qui feront tenus de lui en rendre compte.

X X V I I.

Aides-Major.

Les Aides-Major continueront de jouir des prérogatives dont ils jouiffent actuellement, & rempliront les mêmes fonctions.

X X V I I I.

Sous-Aides-Major.

Les Sous-Aides-Major feront fubordonnés aux Aides-Major, ils feront fpécialement chargés de veiller à l'entretien des Compagnies, & à ce que les menues réparations foient faites à mefure, au moyen de la Maffe commune établie à cet effet.

Ils auront dans le Régiment & dans toute l'Infanterie, rang de Lieutenant, du jour de leur Brevet, & en conféquence ils commanderont à tous les Sous-Lieutenans & à tous les Lieutenans moins anciens qu'eux,

X X I X.

Porte-Drapeaux.

Les Portes-Drapeaux feront toûjours tirés du Corps des Sergens, auront rang de derniers Sous-Lieutenans; & feront tenus, dans tous les temps, de porter les Drapeaux à pied.

X X X.

Quartier-Maîtres.

Le Quartier-Maître de chaque Régiment, aura rang de Sous-Lieutenant, commandera fpécialement tous les Fourriers; & fera chargé du logement, du campement, des diftributions & autres fonctions relatives, fupérieurement à eux,

X X X I.

Fonctions des Tréforiers, & par qui nommés.

Les Tréforiers feront fpécialement chargés de l'adminiftration des deniers de chaque Régiment ; ils feront préfentés par le Colonel, le Lieutenant-Colonel & le Major, au Secrétaire d'État ayant le département de la Guerre, qui leur fera expédier des Brevets pour remplir lefdites places, après qu'il les aura agréés.

X X X I I.

Etabliſſement d'une Caiſſe.

Tout l'argent de la Solde & de la Maſſe, ou de toute autre partie, qui appartiendra à chaque Régiment, fera remis tous les mois au Tréforier, pour être enfermé dans une Caiſſe dont il aura la régie fubordonnément au Major, fous les ordres du Secrétaire d'État ayant le Département de la Guerre.

X X X I I I.

Trois Clefs à ladite Caiſſe, & par qui gardées.

Cette Caiſſe aura trois ferrures, dont les trois clefs feront entre les mains, l'une du Colonel, & en fon abfence, du Commandant du Régiment ; la deuxième entre les mains du Major, & la troifième entre celles du Tréforier, de manière que ladite Caiſſe ne puiſſe s'ouvrir qu'en préfence de ces trois Officiers : Entendant Sa Majeſté que ladite Caiſſe foit dépofée chez le Commandant du Régiment, avec les Drapeaux.

X X X I V.

Par qui les Clefs gardées en l'abfence du Colonel & du Major.

En l'abfence du Colonel, la Clef dont il doit être dépofitaire, demeurera entre les mains du Lieutenant-Colonel, en l'abfence

de ce dernier, entre les mains du plus ancien des Capitaines qui
fe trouveront préfens; & en l'abfence du Major, fa clef demeurera entre les mains d'un Aide-Major, de manière que dans tous
les cas la Caiffe ne puiffe s'ouvrir qu'en préfence de trois perfonnes.

X X X V.

Adminiftration de la Caiffe.

Il y aura toûjours dans la Caiffe de chaque Régiment, un
État des fonds qui y feront mis, & un État de ceux qui en feront tirés, avec les caufes de Recette & de Dépenfe; ces Etats
feront fignés du Commandant du Corps, du Major & du Tréforier; il en fera remis un double au Major, & il en fera envoyé un, tous les mois au Secrétaire d'État ayant le Département
de la Guerre.

X X X V I.

Fonctions du Tambour-Major, & par qui nommé.

Le Tambour-Major veillera fur la conduite & la difcipline
prefcrite parmi les Tambours; il aura rang de Sergent & jouira
des mêmes droits & prérogatives que les autres Sergens; il fera
propofé par le Major, au Colonel, qui le nommera, & fera attaché
à la Compagnie Colonelle, fans faire nombre dans lad. Compagnie.

X X X V I I.

Choix actuel des Sergens, Fourriers & Caporaux.

Sa Majesté trouvant convenable au bien de fon fervice,
que les places de Sergens & de Caporaux ne foient remplies
que par des Sujets fages, intelligens, fachant lire & écrire;
& qui aient le talent en inftruifant les Soldats, de s'en faire obéir;
fon intention eft qu'il foit fait par le Commandant & le Major
de chaque régiment, un examen exact des fujets qui rempliffent
actuellement ces places & que tous ceux qui ne fe trouveront

point avoir les qualités prefcrites ci-deſſus en ſoient retirés, ſavoir, les Sergens pour être renvoyés. & les Caporaux pour entrer dans la claſſe des Appointés, ainſi qu'il ſera dit plus bas : Voulant Sa Majeſté que le Commandant & le Major choiſiſſent, pour cette fois ſeulement, les Sujets qui ſeront les plus propres à les remplacer, ainſi que ceux qui devront occuper les places de Fourriers que Sa Majeſté a jugé à propos de créer dans chaque compagnie.

X X X V I I I.

Choix des Sergens pour l'avenir.

SA MAJESTÉ voulant en même ſemps expliquer ſes intentions ſur la manière dont il ſera procédé à l'avenir aux choix deſdits Bas-Officiers, Elle a réglé que,

Lorſqu'il vaquera une place de Sergent dans une compagnie, les douze plus anciens Sergens du Régiment s'aſſembleront avec les Portes-Drapeaux, chez le Major pour choiſir parmi tous les Caporaux du Régiment, ſans avoir aucun égard à l'ancienneté, les trois Sujets qu'ils croiront les plus propres à remplir la place vacante; ils les préſenteront au Major & au Capitaine de la Compagnie dans laquelle la place de Sergent ſera vacante, & ſur le rapport de ces deux Officiers, le Commandant du Régiment nommera celui des trois Sujets propoſés qui lui paroîtra mériter la préférence.

X X X I X.

Choix des Fourriers.

LORSQU'IL vaquera une place de Fourrier, les douze plus anciens Fourriers s'aſſembleront, avec le Quartier-Maître, chez le Major pour choiſir, parmi tous les Caporaux du Régiment, les trois Sujets qu'ils croiront les plus propres pour remplir la place vacante; ils les préſenteront au Major & au Capitaine de la compagnie dans laquelle la place de Fourrier ſera vacante, de la même manière qu'il eſt expliqué dans l'Article précédent pour les Sergens.

X L.

Choix des Caporaux.

PAREILLEMENT lorfqu'il vaquera une place de Caporal, les huit plus anciens Caporaux & les quatre plus anciens Sergens du Régiment s'affembleront chez le Major pour choifir, parmi tous les Soldats du Régiment, trois Sujets qu'ils préfenteront au Major & au Capitaine de la compagnie dans laquelle la place de Caporal fera vacante, de la même manière qu'il eft expliqué dans l'Article XXXVIII. de la préfente Ordonnance.

X L I.

Fonctions des Sergens.

LES Sergens commanderont leur divifion ou fubdivifion, les maintiendront en bonne difcipline & police, & rendront tous les jours compte aux Officiers, de tous les détails qui concerneront lefdites divifions ou fubdivifions, ainfi qu'il eft prefcrit par les Articles XII. & XIV.

X L I I.

Fonctions des Fourriers.

LES Fourriers feront entièrement fubordonnés aux Quartiers-Maîtres des Régimens; ils feront chargés, fous leurs ordres, du détail de toutes les fubfiftances, des diftributions, du logement, du campement & de la propreté du quartier & du camp. Ils auront rang de derniers Sergens, & feront difpenfés de monter la garde en campagne comme en garnifon.

X L I I I.

Fonctions des Caporaux.

LES Caporaux veilleront fur la difcipline, la police & les éxercices de leur efcouade; ils en répondront au Sergent de leur divifion ou fubdivifion, & fuppléeront aux Sergens qui pourront manquer.

X L I V.

Appointés.

A l'égard des places d'Appointés, elles feront données, quant à préfent, par préférence aux Caporaux & Anfpeffades réformés, en éxécution des Articles XI. & XXXVII. de la préfente ordonnance ; mais à l'avenir ces places d'Appointés appartiendront toûjours de droit aux plus anciens Grenadiers ou Fufiliers de chaque compagnie ; ils commanderont l'Efcouade dont ils feront partie, au défaut des Caporaux, qui en feront toûjours les chefs.

X L V.

Terme des engagemens, fixé à huit ans. Les hautes-payes ne rengageront point. Congés donnés à leur expiration.

LE terme des engagemens fera fixé à l'avenir à huit années, au lieu de fix ; les Soldats qui monteront aux hautes payes ne feront point tenus, comme par le paffé de fervir trois ans au-delà du terme de leur engagement ; & le congé abfolu fera régulièrement donné chaque année, aux Soldats dont l'engagement fera expiré.

X L V I.

Congés abfolus donnés aux quatres plus anciens Soldats dont les engagemens font expirés.

SA MAJESTÉ donnera fes ordres pour faire délivrer dès-à-préfent le congé abfolu aux quatre plus anciens Soldats de chaque compagnie, qui s'étant engagés pour fix ans, ont continué de fervir au-delà de ce terme, le temps de leur fervice ayant été prolongé à caufe de la guerre ; & il en fera délivré un pareil nombre réguliérement chaque année à ceux qui feront dans ce cas.

X L V I I.

Récompenfe pour les Soldats qui auront contracté un fecond
engagement.

Les Soldats qui auront volontairement renouvellé un fecond
engagement, & qui, en conféquence, après avoir fervi feize ans,
voudront fe retirer chez eux & non ailleurs, y toucheront la moitié de leur folde, & Sa Majefté leur fera délivrer tous les huit ans
un habit de l'uniforme du régiment dans lequel ils auront fervi.

X L V I I I.

Récompenfe pour les Soldats qui auront contracté un troifiéme
engagement.

Ceux qui ayant renouvellé volontairement un troifiéme engagement, auront fervi vingt-quatre ans, auront le choix, ou d'être
reçus à l'Hôtel royal des Invalides, ou de fe retirer chez eux &
non ailleurs, avec leur folde entière; & Sa Majefté leur fera délivrer tous les fix ans un habit de l'uniforme du régiment dans lequel ils auront fervi.

X L I X.

Appointemens & folde en paix ou en guerre.

Sa Majesté ayant confideré que les Troupes font obligées,
en temps de guerre, de faire plus de dépenfe qu'en temps de paix,
& voulant les mettre dans le cas de fupporter ces dépenfes au moyen
des appointemens & de la folde, Elle a réfolu de leur régler une
paye de paix, & une paye de guerre; & en conféquence, Elle
veut que les appointemens & folde foient payés aux régimens de
fon Infanterie françoife, fur le pied, par jour,

SÇAVOIR,

SÇAVOIR,

Compagnies de Grenadiers.	EN TEMPS DE PAIX.			EN TEMPS DE GUERRE.		
	Par jour.	Par mois.	Par an.	Par jour.	Par mois.	Par an.
	L. s. D.	L. S. D.	L.	L. S. D.	L. S. D.	L.
A chaque Capitaine, cinq livres onze sols un denier un tiers en temps de Paix, & huit livres six sols huit deniers en temps de Guerre, ci.	5. 11. 1.⅓	166. 13. 4.	2000.	8. 6. 8.	250. » »	3000.
Au Lieutenant, deux livres dix sols en Paix, & trois livres six sols huit deniers en temps de Guerre.	2. 10. »	75. » »	900.	3. 6. 8.	100. » »	1200.
Au Sous-Lieutenant, une livre treize sols quatre deniers en Paix, & deux livres dix sols en Guerre.	1. 13. 4.	50. » »	600.	2. 10. »	75. » »	900.
A chaque Sergent, douze sols quatre deniers en Paix, & douze sols huit deniers en Guerre. . .	» 12. 4.	18. 10. »	222.	» 12. 8.	19. » »	228.
Au Fourrier, dix sols en Paix, & dix sols quatre deniers en Guerre.	» 10. »	15. » »	180.	» 10. 4.	15. 10. »	186.
A chaque Caporal, huit sols huit deniers en Paix, & neuf sols en Guerre.	» 8. 8.	13. » »	156.	» 9. »	13. 10. »	162.
A chaque Appointé, sept sols huit deniers en Paix, & huit sols en Guerre.	» 7. 8.	11. 10. »	138.	» 8. »	12. » »	144.
A chaque Grenadier & au Tambour, six sols huit deniers en Paix, & sept sols en Guerre	» 6. 8.	10. » »	120.	» 7. »	10. 10. »	126.
Compagnies de Fusiliers.						
Au Capitaine, quatre livres trois sols quatre den. en Paix, & six livres treize sols quatre deniers en Guerre.	4. 3. 4.	125. » »	1500.	6. 13. 4.	200. » »	2400.
Au Lieutenant, une livre treize sols quatre deniers en Paix, & deux livres quinze sols six deniers deux tiers en Guerre.	1. 13. 4.	50. » »	600.	2. 15. 6.⅔	83. 6. 8.	1000.
Au Sous-Lieutenant, une livre dix sols en Paix, & deux livres quatre sols cinq deniers un tiers en Guerre.	1. 10. »	45. » »	540.	2. 4. 5.⅓	66. 13. 4.	800.
A chaque Sergent, onze sols quatre deniers en Paix, & onze sols huit deniers en Guerre. . .	» 11. 4.	17. » »	204.	» 11. 8.	17. 10. »	210.
Au Fourrier, neuf sols en Paix, & neuf sols quatre den. en Guerre.	» 9. »	13. 10. »	161.	» 9. 4.	14. » »	168.

C

	EN TEMPS DE PAIX.			EN TEMPS DE GUERRE.		
	Par jour.	Par mois.	Par an.	Par jour.	Par mois.	Par an.
	L. S. D.	L. S. D.	L.	L. S. D.	L. S. D.	L.
A chaque Caporal, sept sols huit deniers en Paix, & huit sols en Guerre.	» 7. 8.	11. 10. »	138.	» 8. »	12. » »	144.
A chaque Appointé, six sols huit deniers en Paix, & sept sols en Guerre.	» 6. 8.	10. » »	120.	» 7. »	10. 10. »	126.
A chaque Fusilier ou Tambour, cinq sols huit deniers en Paix, & six sols en Guerre.	» 5. 8.	8. 10. »	102.	» 6. »	9. » »	108.

ETAT-MAJOR.

	Par jour.	Par mois.	Par an.	Par jour.	Par mois.	Par an.
Au Colonel, indépendamment de ses Appointemens de Capitaine, huit livres six sols huit deniers en Paix, & dix livres en Guerre.	8. 6. 8.	250. » »	3000.	10. » »	300. » »	3600.
Au Lieutenant-Colonel, indépendamment de ses Appointemens de Capitaine, cinq livres onze sols un denier un tiers en Paix, & huit livres six sols huit deniers en Guerre.	5. 11. 1. $\frac{1}{3}$	166. 13. 4.	2000.	8. 6. 8.	250. » »	3000.
A chaque Major des Régimens de quatre Bataillons, qui ne recevront rien comme Majors de brigades, huit livres six sols huit den. en Paix, & douze livres dix sols en Guerre.	8. 6. 8.	250. » »	3000.	12. 10. »	375. » »	4500.
A chaque Major des Régimens de deux bataillons & d'un bataillon, qui de même ne toucheront rien comme Majors de brigades, huit livres en Paix, & onze livres deux sols deux deniers deux tiers en Guerre.	8. » »	240. » »	2880.	11. 2. 2. $\frac{2}{3}$	333. 6. 8.	4000.
Au second Major du Régiment du Roi, six livres en Paix, & dix livres en Guerre.	6. » »	180. » »	2160.	10. » »	300. » »	3600.
Au Commandant de bataillon, qui sera créé pendant la Guerre, onze livres deux sols deux deniers deux tiers.	. . . . .	. . . . .	. .	11. 2. 2. $\frac{2}{3}$	333. 6. 8.	4000.
A chaque Aide-Major, avec commission de Capitaine, quatre livres trois sols quatre den. en temps de Paix, & six livres treize sols quatre d. en Guerre.	4. 3. 4.	125. » »	1500.	6. 13. 4.	200. » »	2400.
A chaque Aide-Major, sans Commission de Capitaine, deux livres dix sols en Paix, & cinq livres en Guerre.	2. 10. »	75. » »	900.	5. » »	150. » »	1800.

	EN TEMPS DE PAIX.			EN TEMPS DE GUERRE.		
	Par jour.	Par mois.	Par an.	Par jour.	Par mois.	Par an.
	L. S. D.	L. S. D.	L.	L. S. D.	L. S. D.	L.
A chaque Sous-Aide-Major, trente-trois fols quatre deniers en Paix, & trois livres fix fols huit deniers en Guerre. . . .	1. 13. 4.	50. » »	600.	3. 6. 8.	100. » »	1200.
Au Quartier-Maître, une livre dix fols en Paix, & deux livres quatre fols cinq deniers un tiers en Guerre.	1. 10. »	45. » »	540.	2. 4. 5.⅓	66. 13. 4.	800.
A chaque Porte-Drapeau, une livre cinq fols en Paix, & une livre treize fols quatre deniers en Guerre.	1. 5. »	37. 10. »	450.	1. 13. 4.	50. » »	600.
Au Tréforier d'un Régiment de quatre bataillons, cinq livres onze fols un denier un tiers en temps de Paix, & huit livres fix fols huit deniers en Guerre. . .	5. 11. 1.⅓	166. 13. 4.	2000.	8. 6. 8.	250. » »	3000.
Au Tréforier d'un Régiment de deux & d'un bataillon, trois livres fix fols huit deniers en temps de Paix, & cinq livres onze fols un denier un tiers en Guerre.	3. 6. 8.	100. » »	1200.	5. 11. 1.⅓	166. 13. 4.	2000.
Au Tambour-Major, quatorze fols en tout temps.	» 14. »	21. » »	252.	14. » »	21. » »	252.
A l'Aumônier, une livre fept fols neuf deniers un tiers en Paix, & deux livres en Guerre.	1. 7. 9.⅓	41. 13. 4.	500.	2. » »	60. » »	720.
Au Chirurgien, une livre fept fols neuf deniers un tiers en Paix, & deux livres en Guerre.	1. 7. 9.⅓	41. 13. 4.	500.	2. » »	60. » »	720.

Voulant Sa Majefté que la paye de Guerre ne foit donnée qu'à ceux defdits Régimens qui ferviront en Campagne, à commencer du jour de leur arrivée à l'armée jufqu'à celui de leur départ de l'armée pour rentrer dans le Royaume ; & que ceux qui demeureront en garnifon dans le Royaume, pendant la Guerre, ne touchent que la paye réglée pour le temps de paix.

L.

Linge & chauffure.

VEUT & entend Sa Majefté que fur la folde de paix réglée à chaque Sergent, Fourrier, Caporal, Appointé, Grenadier, Fufilier & Tambour, il en foit affecté feize deniers par chaque Sergent & Fourrier, & huit deniers par chaque Caporal, Appointé, Grenadier, Fufilier & Tambour, pour s'entretenir de linge & chauffure; & que fur la folde qui leur eft réglée pour le temps de la Guerre, il foit pareillement affecté au même ufage vingt deniers par chaque Sergent & Fourrier, & douze deniers par chaque Caporal, Appointé, Grenadier, Fufilier & Tambour.

L I.

Appointemens & folde des Régimens affectés à la Marine, dans le Royaume & dans les Colonies.

A l'égard des Régimens que Sa Majefté a jugé à propos de deftiner plus particulièrement au fervice de la Marine, des Colonies & des Ports, par l'Article IV. de la préfente Ordonnance; lorfqu'ils ferviront dans le Royaume, foit en temps de paix, foit en temps de Guerre, ils toucheront les appointemens & folde réglés par l'Article XLIX. pour le temps de la paix; lorfqu'ils auront ordre de paffer dans les Colonies, en temps de paix, ils toucheront la moitié en fus defdits appointemens & folde, du jour de leur embarquement jufqu'au jour de leur débarquement à leur retour en France; & lorfqu'ils s'embarqueront pour les Colonies, en temps de Guerre, ils toucheront les appointemens & folde réglés pour le temps de la Guerre, & la moitié en fus defdits appointemens & folde, du jour de leur embarquement jufqu'à celui de leur débarquement à leur retour en France. Il en fera ufé de même pour tous les Régimens que Sa Majefté jugera à propos de faire paffer dans fes Colonies.

L I I.

Trois mois d'avance lorfqu'ils s'embarqueront, indépendamment de la fubfiftance fur les Vaiffeaux.

CEUX defdits Régimens, qui auront ordre de s'embarquer, recevront une avance de trois mois d'appointemens & de folde, fur le pied de celle qui leur eft réglée dans les Colonies; ils recevront de plus leur subsistance, par gratification, sur les Vaisseaux qui les transporteront à leur destination, soit en allant, soit en revenant, sans que pour raison de cette subsistance, il puisse leur être fait aucune retenue.

L I I I.

Par qui payés.

LES appointemens & solde desdits Régimens leur seront payés des fonds de l'Extraordinaire des Guerres, tant qu'ils seront dans le Royaume; & lorsqu'ils seront dans le cas de passer aux Colonies, le supplément dont ils doivent jouir de moitié en sus de leurs appointemens & solde, sera pris sur les fonds affectés au service des Colonies.

L I V.

Linge & Chaussure.

IL en sera usé, pour l'entretien du linge & chaussure des Sergens, Fourriers, Caporaux, Appointés, Grenadiers, Fusiliers & Tambours desdits Régimens, de la même manière que pour ceux des autres Régimens, suivant ce qui est prescrit par l'Article L. de la présente Ordonnance.

L V.

Le Roi se charge des Recrues.

LES Capitaines de tous les Régimens de l'Infanterie françoise, seront à l'avenir déchargés du soin de faire des Recrues, hors les cas où ils s'absenteront par congé : L'intention de Sa Majesté étant de leur faire fournir toutes celles dont ils auront besoin.

L V I.

Défense aux Officiers de donner des Congés absolus.

DÉFEND en conséquence Sa Majesté à tous Officiers de donner à l'avenir aucuns congés absolus, se réservant d'expliquer par la suite, ses intentions sur la manière dont ils seront expédiés.

L V I I.

Armemens.

SA MAJESTÉ fera pareillement fournir à l'avenir aux Régimens de fon infanterie françoife, l'armement dont ils pourront avoir befoin.

L V I I I.

Maffe pour l'habillement.

LA Maffe de l'habillement defdits Régimens, fera établie, à commencer du jour de la nouvelle compofition de chacun d'eux, qui fera conftatée par le procès-verbal du Commiffaire des Guerres, qui y fera préfent, fur le pied par jour, de deux fols pour chaque Sergent, Fourrier, Tambour-major & Tambour, y compris un fol dont Sa Majefté a jugé à propos d'augmenter la Maffe defdits Tambours; & d'un fol pour chaque Caporal, Appointé, Grenadier & Fufilier; laquelle Maffe fera toûjours payée fur le pied complet, & remife tous les mois avec la folde au Tréforier du Régiment, lequel la dépofera dans la Caiffe; mais Sa Majefté fe réferve l'adminiftration directe de ladite Maffe, au moyen de laquelle Elle donnera fes ordres pour faire habiller toutes les Troupes de fon Infanterie françoife.

L I X.

Entretien des Compagnies, & menues réparations.

A l'égard des réparations journalières qu'il conviendra de faire à l'habillement, équipement & armement defdits Régimens, Sa Majefté fera former une Maffe de cinq livres pour chaque homme par an, en tout temps; laquelle Maffe fera payée fur le pied complet, & remife tous les mois à la Caiffe du Régiment, avec la folde & la Maffe de l'habillement, pour être employée aufdites réparations: Entend au furplus Sa Majefté qu'il foit par le Tréforier de chaque Régiment envoyé tous les fix mois au Secrétaire d'État

ayant le département de la Guerre , un double signé du Major &
& de lui, de l'état de recette & de dépense de cette Masse.

LX.

Haute-paye donnée au Tambour pour l'entretien de sa Caisse , &c.

L'INTENTION de Sa Majesté est que sur cette Masse, il soit donné à chaque Tambour une haute-paye de deux sols par jour,
au moyen de laquelle lesdits Tambours seront tenus d'entretenir
leur Caisse de peaux & de cordages, & de se fournir de baguettes.

LXI.

Les Capitaines jouiront de leurs appointemens en entier, à la seule
retenue des quatre deniers pour livre.

VEUT Sa Majesté que dans tous les temps, les Capitaines jouissent de leurs appointemens en entier, à la seule retenue des quatre deniers pour livre de leurs Compagnies, non compris les Officiers ; leur défendant très-expressément de payer, sous tel prétexte
que ce puisse être , aucuns faux frais de place, ni doubles rôles
aux Trésoriers, ni gratifications à qui que ce soit. Enjoignant aux
Majors des Régimens d'y tenir exactement la main, sous peine d'en
répondre en leur propre & privé nom.

LXII.

Suppression des Pensions & gratifications attachées aux Charges, &
de tout autre traitement.

AU moyen du traitement réglé par la présente Ordonnance, qui
décharge les Capitaines de l'entretien de leur Troupe, toutes les
pensions d'ancienneté & gratifications attachées aux Charges , seront
supprimées ; à la réserve de celle qui est attachée à la Charge de
Colonel-Lieutenant du Régiment d'Infanterie de Sa Majesté : Et
il ne sera payé aux Régimens d'Infanterie françoise, en temps de

paix, ni argent d'étape aux recrues, ni payes de gratifications; & en temps de Guerre, ni étape aux recrues, ni argent de recrues, ni payes de gratifications, ni uftenfile.

L X I I I.

Les Capitaines chargés de veiller à leur Troupe, fous peine de punition.

L'INTENTION de Sa Majefté eft que quoique les Capitaines ne foient plus chargés ni des recrues ni de l'entretien de leur Troupe, ils veillent cependant avec la même attention à tout ce qui pourra contribuer au bien-être des Soldats & à leur entretien; déclarant Sa Majefté qu'Elle fera punir févèrement, fuivant l'éxigence des cas, tous ceux qui y auront apporté quelque négligence.

L X I V.

Officiers qui s'abfenteront, obligés de faire deux hommes de recrue.

AUCUN Capitaine, Lieutenant, ou Sous-Lieutenant, ne pourra s'abfenter qu'en s'engageant à faire deux hommes de recrue, au-deffus de cinq pieds deux pouces : Sa Majefté donnera fes ordres pour les leur faire payer fur le pied de cent livres chacun, rendu au quartier d'affemblée de leur Régiment; mais fon intention eft que ceux qui n'en feront point, foient privés de leurs appointe-mens pendant tout le temps de leur abfence.

L X V.

Uniforme des Régimens.

L'INTENTION de Sa Majefté étant que dorénavant tous les Ré-gimens de fon Infanterie françoife, à la réferve de celui des Gardes-Lorraine, foient habillés de blanc, avec des marques diftinctives pour chacun, Elle a jugé à propos d'arrêter l'état des uniformes de chacun des Régimens confervés par la préfente Ordonnance, à laquelle Elle l'a fait annéxer. Enjoignant Sa Majefté aux Colo-nels

nels de tous les Régimens, fans exception, de le faire éxécuter
en tout point ; leur défendant d'y fouffrir aucun changement,
qu'avec une permiffion expreffe & par écrit du Secrétaire d'Etat
ayant le département de la Guerre, d'après les ordres de Sa Majefté,
fous peine de défobéiffance, & de payer, fur leurs appointemens,
la dépenfe qu'auroient occafionnée les changemens par eux ordon-
nés : Déclarant Sa Majefté qu'Elle fera caffer les Majors des Régimens qui n'auront point informé le Secrétaire d'Etat ayant le
département de la Guerre, des changemens qu'on auroit introduits
dans les Régimens : Défendant auffi Sa Majefté à celui qu'Elle a
chargé de la régie de l'habillement des Troupes, de fe prêter à
aucun changement ni à l'admiffion d'aucun ornement, autres que
ceux portés dans l'état arrêté par Sa Majefté, fous peine d'en répondre en fon propre & privé nom.

L X V I.

Moyen de parvenir à la nouvelle compofition.

POUR parvenir à la nouvelle compofition prefcrite par la
préfente Ordonnance, les Infpecteurs qui feront chargés de fon exécution, feront mettre chaque Régiment fous les armes, par les
ordres des Gouverneurs ou Commandans des provinces ou places où ils fe trouveront, & en préfence du Commiffaire des Guerres qui en aura la police.

L X V I I.

Revues d'infpection & de fubfiftance defdits Régimens.

LES Infpecteurs feront de chacun defdits Régimens, une revue
exacte, par laquelle ils conftateront le nombre d'Officiers & de
Soldats dont ledit Régiment fera compofé ; & le Commiffaire des
Guerres fera auffi la fienne, pour fervir au payement dudit Régiment, jufques & compris le jour de fa nouvelle compofition ex-
clufivement.

D

LXVIII.

Dreſſer un état des dettes du Corps.

L'INSPECTEUR entrera à ſa revue, dans le détail le plus exact des dettes du Régiment, il en fera dreſſer un état, ſur lequel feront marquées leſdites dettes, leur nature, leur époque, les motifs pour leſquels elles auront été contractées, le nom & la demeure des Marchands ou créanciers auſquels il ſera dû.

LXIX.

Dreſſer un état des dettes perſonnelles des Officiers.

IL fera enſuite dreſſer un état des dettes perſonnelles de chaque Officier, avec le même détail que pour les dettes du Régiment.

LXX.

Dreſſer un état de ce qui ſera dû aux Régimens.

L'INSPECTEUR dreſſera enſuite un état détaillé de ce qui ſera dû à chaque Régiment, ſoit ſur ſes Maſſes ou ſon Uſtenſile, ſoit ſur d'autres parties ſéparées, en diſtinguant toutes les dettes par nature, avec leurs époques.

LXXI.

Dreſſer un contrôle des Officiers & de leur ſervice.

LEDIT Inſpecteur procédera enſuite à faire dreſſer un contrôle de tous les Officiers, contenant leurs noms, ſurnoms, les dates & les lieux de leur naiſſance, le détail exact de leur ſervice, l'époque de leurs différens grades, leurs bleſſures, enfin tous les détails qui pourront faire connoître leurs ſervices, leurs mœurs & leurs talens.

D

L X X I I.

Dreſſer un état de tous ceux qui feront dans le cas d'être reçus l'Hôtel royal des Invalides.

IL fera enfuite formé un état contenant les noms, furnoms & fervices des Sergens, Caporaux, Anfpeſſades, Grenadiers, Fufiliers & Tambours, que l'Infpecteur jugera dans le cas d'être admis à l'Hôtel royal des Invalides, conformément aux règlemens, & notamment à l'Ordonnance du 3 décembre 1730 ; il joindra à ces états leurs congés abfolus, les certificats de leurs fervices & ceux des bleſſures qui les rendroient fufceptibles de cette grace au défaut de fervices fuffifans ; après quoi il les fera mettre en marche pour fe rendre à l'Hôtel, fur les routes qui lui feront envoyées à cet effet : Voulant Sa Majefté que les Officiers qui feroient fufceptibles de la même grace, foient compris fur le même état & fur les routes, pour prendre foin des Soldats jufqu'à leur arrivée à l'Hôtel ; & il fera envoyé fur le champ un double de fes états au Secrétaire d'Etat ayant le département de la Guerre.

L X X I I I.

Choix des Officiers de l'Etat-major ou des Compagnies nouvellement créées.

CES opérations faites, il procédera, de concert avec les Colonels, au choix des Sous-aides-majors, des Porte-drapeaux, du Quartier maître & du Tambour-major, dont il enverra les noms au Secrétaire d'Etat ayant le département de la Guerre, pour les faire agréer par Sa Majefté.

L X X I V.

Compléter les Compagnies de Grenadiers à cinquante-deux hommes.

LEDIT Infpecteur complétera enfuite les Compagnies de Grenadiers au nombre de cinquante-deux hommes, en choififfant, dans chaque Régiment, tout ce qu'il y aura de meilleur pour la taille,

la bravoure & les mœurs; & il y ordonnera le choix des Bas-Officiers, dont elles auront befoin, conformément à ce qui eſt preſcrit par les articles XXXVIII & XL de la préſente Ordonnance.

L X X V.

Doublement des Compagnies de Fuſiliers, & réduction deſd. Com-
pagnies à ſoixante-trois hommes.

DANS les bataillons compoſés de ſeize Compagnies de Fuſiliers, l'Inſpecteur doublera les Compagnies, en incorporant la neu-
vième dans la première, la dixième dans la ſeconde, & ainſi de
ſuite, il ſéparera enſuite de chaque Compagnie les quatre Soldats
dont les engagemens ſeront expirés depuis plus long-temps, pour les
renvoyer chez eux avec leurs congés abſolus: après quoi il compoſera les huit Compagnies reſtantes, des ſoixante trois hommes les
plus élevés & les plus en état de ſervir.

Dans les bataillons qui n'ont que douze Compagnies de Fuſiliers, & où le doublement ne pourroit pas s'effectuer par Compagnie entière, il formera huit Compagnies de Fuſiliers, en y incorporant les quatre dernières, & les compoſera de même des ſoixante-
trois hommes les plus élevés & les plus en état de ſervir, après
avoir pareillement donné le congé abſolu aux quatre Soldats dont
les engagemens ſeront expirés depuis plus long-temps : dans les
deux cas, il ordonnera le choix des Bas-Officiers dont les Compagnies de Fuſiliers pourront avoir befoin, conformément à ce qui
eſt preſcrit par les articles XXXVIII, XL & XLIV de la préſente Ordonnance.

L X X V I.

Choix des Officiers pour commander les Compagnies dans les
Régimens de quatre bataillons qui n'auront point d'incorporation.

LES Compagnies de Fuſiliers étant ainſi compoſées de ſoixante-
trois hommes, & celles de Grenadiers de cinquante-deux hommes

les plus en état de servir, l'Inspecteur y attachera les Officiers qui devront les commander, & à cet effet :

Les Capitaines, Lieutenans & Sous-Lieutenans, qui sont attachés aux Compagnies de Grenadiers, en conserveront le commandement.

Dans un Régiment de quatre bataillons, où il n'y aura point d'incorporation d'autre Régiment, les Colonels & Lieutenans-Colonels reprendront chacun une Compagnie; & les trente restantes seront données aux trente Capitaines les plus anciens de commission de tout le Régiment.

Il en sera usé de même dans les Régimens conservés à deux & à un bataillon.

L X X V I I.

Incorporation des Régimens dans d'autres. Choix des Officiers pour commander les Compagnies.

A l'égard des Régimens qui, par l'incorporation d'un autre Régiment, devront être portés à quatre bataillons, l'Inspecteur, après avoir procédé dans chacun desdits Régimens à ce qui est prescrit par les articles LXVII, LXVIII, LXIX, LXX, LXXI, & LXXII, ordonnera de la part de Sa Majesté, aux Colonels, Lieutenans-Colonels, Majors & Commandans de bataillons des Régimens qui devront être incorporés dans d'autres, de quitter le commandement desdits Régimens; il ordonnera le mélange des Compagnies des quatre bataillons, suivant l'ancienneté des Capitaines qui se trouveront les commander; il complétera les Compagnies de Grenadiers, conformément à l'article LXXIV.

Il doublera les Compagnies des quatre bataillons, en suivant la forme prescrite par l'article LXXV.

Il laissera aux Capitaines, Lieutenans & Sous-Lieutenans de Grenadiers le commandement de leurs Compagnies.

Il fera prendre une Compagnie à chacun des Colonels & Lieutenans-Colonels des Régimens qui auront reçu l'incorporation, &

les trente Compagnies reſtantes ſeront données aux trente Capitaines les plus anciens de commiſſion, tant des deux bataillons du Régiment qui aura reçû l'incorporation, que de celui qui aura été incorporé.

L X X V I I I.

Rang des Capitaines qui doivent être conſervés.

S'IL ſe trouvoit des Capitaines dont les commiſſions ſoient de même date, l'Inſpecteur préférera ceux dont les lettres de Lieutenant ou d'Enſeignes, de Lieutenant en ſecond ou de Sous-Lieutenant ſeront les plus anciennes, & ſi toutes leurs lettres ſe trouvoient de même date, alors il les fera tirer au ſort.

S'il arrivoit auſſi qu'un Capitaine d'un Régiment, qui recevra l'incorporation d'un autre Régiment, ſe trouvât en concurrence avec un Capitaine du Régiment incorporé, & que leurs commiſſions ou lettres fuſſent toutes de même date, alors le Capitaine du Régiment qui recevra l'incorporation ſera préféré.

L X X I X.

Choix des Lieutenans ou Enſeignes.

QUANT aux Lieutenans ou Enſeignes de chaque Régiment, les plus anciens, dans l'ordre expliqué ci-deſſus pour les Capitaines, ſeront attachés aux Lieutenances des Compagnies de Fuſiliers, les moins anciens le ſeront aux Sous-Lieutenances, auſſi des Compagnies de Fuſiliers.

Il ſera choiſi parmi les Lieutenans ou Sous-Lieutenans, les plus capables, pour remplir les places de Sous-aides-Majors.

L X X X.

Officiers excédans réformés.

TOUS les Commandans de Bataillons, ainſi que ceux des Capitaines, Lieutenans ou Enſeignes qui ſe trouveront excédans, ſeront réformés.

L X X X I.

Contrôle des hommes qui composeront les Compagnies.

APRÈS que les Compagnies de Grenadiers & de Fusiliers auront été composées de cinquante-deux & de soixante-trois hommes bien en état de servir, & que les Officiers y auront été attachés, l'Inspecteur fera dresser les contrôles, par Compagnies, des hommes qui les composeront, contenant leurs noms, surnoms & signalemens, le lieu & la date de leur naissance, leurs grades, l'époque de leur engagement ; & il enverra des doubles de ces contrôles au Secrétaire d'Etat ayant le département de la Guerre.

L X X X I I.

Mélange & rang des Compagnies.

TOUTES ces opérations finies, l'intention de Sa Majesté est que les Compagnies se mêlent dans les différens Bataillons, de manière que celle du Colonel soit au premier Bataillon, celle du Lieutenant-Colonel au second, celle du premier Capitaine de Fusiliers au troisième Bataillon, celle du second Capitaine au quatrième Bataillon, celle du troisième Capitaine au premier Bataillon, & ainsi de suite ; & qu'elles marchent dans chaque Régiment après celles des Colonel & Lieutenant-Colonel, & entr'elles, suivant le rang des Capitaines qui les exploiteront.

L X X X I I I.

Tous les Soldats excédans renvoyés.

VEUT Sa Majesté que tous les Soldats excédans soient réformés & renvoyés, avec leurs congés absolus.

L X X X I V.

Soldats aux Hôpitaux, ce qu'ils deviendront.

A l'égard de ceux qui seront aux Hôpitaux, l'intention de Sa Majesté est que l'Inspecteur en fasse dresser un état qu'il fera signer par les Colonels, Lieutenans-Colonels & Majors defdits Régimens, lequel état il enverra au Secrétaire d'Etat ayant le département de la Guerre, avec les congés abfolus des hommes qui y feront compris, afin que, fur le compte qui en fera rendu à Sa Majefté, Elle puiffe décider de leur fort ; voulant Sa Majefté que la folde continuë de leur être payée, à compter du jour qu'ils feront en état de fortir defdits hôpitaux, jufqu'à ce qu'Elle ait décidé leur deftination ultérieure.

L X X X V.

Ordre pour renvoyer les Soldats réformés.

Tous les Soldats qui devront être réformés & renvoyés chez eux, feront partagés en plufieurs claffes, fuivant les Provinces dont ils feront, pour être conduits par étape, par des Officiers qui feront choifis à cet effet, lefquels feront chargés du contrôle defdits Soldats & de leurs congés abfolus jufqu'a la première Ville de la Province dont ils feront ; l'intention de Sa Majefté étant, qu'alors ces Officiers foient tenus de remettre ces Soldats à l'Intendant, au Subdélégué, ou à leur défaut aux Officiers municipaux de cette première Ville, avec leurs congés abfolus, & d'en tirer un reçû qu'ils enverront au Secrétaire d'Etat ayant le département de la Guerre, avec le contrôle des Soldats qu'ils auront été chargés de conduire : Entendant Sa Majefté que les congés abfolus des Soldats ainfi congédiés, ne leur foient remis par lefdits Intendans, Subdélégués ou Officiers municipaux de la Ville, que lorfqu'ils feront rendus dans leur village ou dans l'endroit qu'ils auront choifi pour leur réfidence.

Les Officiers conducteurs retourneront dans leurs Provinces, fur des routes de Sa Majefté, qui leur feront délivrées par les Intendans des Provinces ; fe réfervant Sa Majefté, lorfqu'ils auront envoyé les reçus de la remife des Soldats à leur deftination, au bas du contrôle de ceux de la conduite defquels ils auront été chargés, de faire payer à chacun defdits Officiers une gratification de cent cinquante livres.

LXXXVI.

LXXXXVI.

Hommes de bonne volonté pour servir à S.-Domingue, conduits à Brest sur des routes.

SI cependant, parmi les Soldats réformés, il s'en trouvoit quelques-uns qui eussent la bonne volonté de servir dans les Régimens de Boulonnois, Foix & Querci, qui sont à Saint-Domingue, l'Inspecteur en dressera un Contrôle séparé & les fera partir pour Brest sur les routes de Sa Majesté, qui lui seront adressées à cet effet ; observant de mettre à leur tête les Officiers réformés qui seront jugés nécessaires, eu égard à leur nombre : ces Officiers devant ensuite retourner chez eux sur les routes qui leur seront remises par le Commandant de Brest.

LXXXXVII.

Les Soldats réformés auront un habit, un chapeau & trois livres.

L'INTENTION de Sa Majesté est que tous les Sergens, Caporaux, Anspessades, Grenadiers, Fusiliers & Tambours de chacun desdits Régimens, soit qu'ils continuent de servir dans quelque Corps que ce soit, soit qu'ils se rendent à l'Hôtel Royal des Invalides, ou qu'ils retournent chez eux, emportent leur habit uniforme avec leur chapeau, & qu'il soit de plus donné à la première Ville de leur Province, trois livres à chacun de ceux qui seront réformés & renvoyés chez eux, pour gagner leur village.

LXXXXVIII.

Défense aux Soldats réformés de s'écarter de leur route, injonction aux Prevôts d'y veiller.

DÉFEND très-expressément Sa Majesté aux Soldats réformés, de s'écarter de la route qu'ils devront tenir pour s'acheminer dans leur Province, sur peine à ceux qui seront rencontrés sur les frontières sortant des terres de l'obéissance de Sa Majesté pour

E

paſſer dans les Pays étrangers, d'être arrêtés & punis comme déſerteurs ; & à ceux qui s'arrêteront dans les villages de la route ou des environs, d'être traités comme vagabonds, à moins qu'ils n'y euſſent trouvé du travail. & qu'ils n'y ſoient employés de l'aveu des Officiers de la Communauté, auxquels ils ſeront obligés de ſe préſenter pour en avoir des certificats en cas de beſoin. Enjoint Sa Majeſté aux Prevôts généraux des Maréchauſſées, de veiller à ce que leſdits Soldats ne s'attroupent point, & d'arrêter & mettre en priſon ceux qui feroient le moindre déſordre, pour être punis ſans délai, ſuivant la nature des délits.

L X X X I X.

Armement des réformés remis aux magaſins du Roi.

LES épées, fuſils, bayonnettes & équippemens des Soldats réformés, ſeront remis par les ſoins des Commiſſaires des Guerres dans les magaſins de la place la plus prochaine : l'intention de Sa Majeſté étant que les Garde-magaſins s'en chargent au bas des inventaires, ſignés deſdits Commiſſaires des Guerres, & qu'il en ſoit envoyé des doubles au Secrétaire d'Etat ayant le département de la Guerre.

X C.

Décompte des appointemens & ſolde ordonnés juſqu'au jour de la réforme.

L'INTENTION de Sa Majeſté eſt que le décompte des appointemens & ſolde qui ſeront dus aux Officiers & Soldats réformés deſdits Régimens, leur ſoit fait juſques & compris le jour de leur réforme, quand bien même ils feroient abſens par ſemeſtre ou par congé.

X C I.

Dettes perſonnelles ou de l'Etat-major, comment acquittées.

L'INSPECTEUR donnera ſes ordres pour que les dettes perſonnelles des Officiers réformés, & les ſommes qu'ils pourront devoit à l'État-major, foient prélevées fur ce qui leur fera dû d'appointemens ; & fi cette fomme ne fuffifoit point, il déclarera de la part de Sa Majefté qu'elles feront retenues & payées fur les penfions & appointemens de ceux defdits Officiers, auxquels Sa Majefté en auroit accordé.

X C I I.

Etat-Major des Régimens incorporés, réforme à la réferve des Aides-majors.

Les Colonels, Lieutenans-Colonels, Majors & Commandans de bataillons des Régimens incorporés, feront réformés, ainfi que tous les autres Officiers de l'Etat-major ; à la réferve des Aides-Majors qui conferveront leur emploi dans le Régiment où leur bataillon aura été incorporé.

X C I I I.

Penfions de réforme des Colonels.

Les Colonels jouiront de quinze cens livres de penfion fur le Tréfor Royal jufqu'à ce qu'ils foient remplacés. Sa Majefté donnera de plus fes ordres pour leur faire rembourfer le prix de leurs Régimens, s'ils l'ont payé, fur le pied qu'Elle a fixé.

X C I V.

Penfions de réforme des autres Officiers.

Tous les autres Officiers réformés, jouiront en penfions fur le Tréfor Royal ; fçavoir, les Lieutenans-Colonels de douze cens livres, les Commandans de bataillons & les Majors de huit cens livres, les Capitaines de Fufiliers qui auront vingt ans de fervice de quatre cens livres, ceux qui n'auront pas vingt ans de fervice de trois cens livres feulement ; voulant au furplus Sa Majefté que lefdites penfions ne foient payées qu'à ceux defdits Officiers qui se retireront chez eux & non ailleurs, & qui s'y emploieront à la levée du bataillon de recrue qui y sera assemblé.

X C V.

Destination des Lieutenans ou Enseignes réformés.

'A l'égard des Lieutenans ou Enseignes qui seront réformés , Sa Majesté entend qu'ils se retirent dans leurs Provinces, pour y remplir les emplois qu'Elle leur destine ; se réservant de leur faire connoître ses intentions sur cet objet, lorsqu'on Lui aura rendu compte de leurs services & de leurs talens.

X C V I.

Rapel des Capitaines réformés , pendant dix ans.

VEUT & entend Sa Majesté que les Colonels des Régimens conservés, soient tenus de proposer , pour les Compagnies qui viendront à vaquer, les Capitaines réformés, soit de leurs Régimens, soit de ceux qui y auront été incorporés ; Sa Majesté approuvant cependant qu'après dix ans écoulés, du jour de la présente Ordonnance, les Lieutenans des Régimens soient nommés aux Compagnies, suivant leur rang.

X C V I I.

ENTEND aussi Sa Majesté que si, parmi les Lieutenans ou Enseignes réformés, il s'en trouvoit qui fussent sortis de l'École militaire, ils soient remplacés, par préférence à tous nouveaux sujets, aux premiers emplois qui viendront à vaquer dans tous les Régimens indistinctement, & qu'en attendant ils jouissent chez eux de deux cens livres d'appointemens.

X C V I I I.

Jour de la composition & du nouveau traitement, doit être constaté par les procès-verbaux des Commissaires.

L'INTENTION de Sa Majesté est qu'il soit dressé par les Commissaires des Guerres qui seront présens à l'exécution de la préfente Ordonnance, des procès-verbaux de la nouvelle compofition des Régimens qui y eft prefcrite ; voulant Sa Majefté que la Solde & la Maffe réglées aient lieu, à commencer du jour & de la date defdits procès-verbaux, dont il fera remis un double, figné defdits Commiffaires des Guerres, aux Tréforiers ; voulant auffi Sa Majefté qu'il en foit envoyé des doubles au Secrétaire d'État ayant le département de la Guerre.

X C I X.

A COMMENCER du jour de la nouvelle compofition de chacun defdits Régimens, les journées d'Hôpitaux feront toutes paffées au compte de Sa Majefté, fur les états arrêtés par les Commiffaires des Guerres chargés de la Police defdits Hôpitaux, lefquels feront tenus de faire mention, fur lefdits états, des nom, furnom & nom de guerre de chacun des Soldats qui fe trouveront dans lefdits Hôpitaux, du nom de leurs Régiment & Compagnie, de l'époque de leur entrée à l'Hôpital, de l'époque de leur fortie ou de leur mort ; & d'envoyer ces états au Secrétaire d'État ayant le département de la Guerre, qui n'ordonnera le payement defdites journées, qu'en exécution defdits états & non autrement.

C.

DÉCLARE Sa Majefté qu'à commencer du même jour, Elle ne fera plus payer les fix fols de fortie, qu'il étoit d'ufage de donner aux Entrepreneurs des Hôpitaux, pour avoir foin de l'habillement & de l'armement des Soldats qui y entroient, fe réfervant Sa Majefté de charger defdits effets le Garde-magafin de chaque Place, qui en répondra au Commiffaire des Guerres chargé de la Police de l'Hôpital : enjoignant Sa Majefté aufdits Garde-Magafins de fe conformer, en tout point, aux Réglemens & aux inftructions qu'Elle leur fera remettre, fous peine de répondre, en leur propre & privé nom, de tous les effets qui feront perdus.

C I.

A l'égard des Officiers qui feront traités dans les Hôpitaux de Sa Majefté, ils continueront d'y payer fur leurs appointemens, le prix qui eft réglé pour leurs journées : Dérogeant Sa Majefté à toutes les difpofitions des précédentes Ordonnances, qui fe trouveront contraires à la préfente.

Mande & ordonne Sa Majefté aux Officiers généraux ayant commandement fur fes Troupes, aux Gouverneurs & Lieutenans généraux dans fes Provinces, aux Gouverneurs & Commandans de fes Villes & Places, aux Infpecteurs généraux de fon Infanterie, aux Intendans dans fes Provinces & fur fes frontières, aux Commiffaires des Guerres & à tous autres fes Officiers qu'il appartiendra, de tenir la main à l'exécution de la préfente Ordonnance. Fait à Verfailles le dix décembre mil fept cens foixante-deux. Signé, LOUIS. Et plus bas : LE DUC DE CHOISEUL.

ETAT arrêté par le Roi, de l'Uniforme que Sa Majefté a réglé pour l'Habillement & Equipement des Régimens de fon Infanterie françoife.

PICARDIE.

Habit, vefte, paremens, revers & collet de drap blanc piqué de bleu, culotte de tricot de même couleur ; doubles poches en long garnies de neuf boutons chacune, en patte d'Oie, quatre fur la manche, cinq à chaque revers, & quatre en deffous : les boutons jaunes, collés & maftiqués fur buis, forme plate, avec le N.° 1.er
Chapeau bordé d'or.

CHAMPAGNE.

Habit, vefte, paremens, revers & collet de drap blanc piqué de bleu, culotte de tricot de même couleur, doubles poches en long garnies de fix boutons chacune à diftance égale, quatre fur la manche, cinq au revers & quatre en deffous : les boutons jaunes, collés & maftiqués fur buis, forme plate, avec le N.° 2.
Chapeau bordé d'or.

NAVARRE.

Habit, vefte, paremens, revers & collet de drap blanc piqué de bleu, culotte de tricot de même couleur, poches carrées en écuffon garnies de neuf boutons, dont quatre de chaque côté, & un à la pointe de l'écuffon, cinq fur la manche & un en dedans du parement, cinq au revers & quatre au deffous : boutons jaunes, forme plate, avec le N° 3.
Chapeau bordé d'or.

PIEMONT.

Habit & vefte de drap blanc piqué de bleu, culotte de tricot de même couleur, paremens, revers & collet de panne noire, pattes en travers, à demi écuffon, garnies de cinq boutons, dont un à chacun des quatre angles, & un à la pointe du milieu de l'écuffon, trois fur la manche & un en dedans du parement, cinq au revers & quatre en deffous : boutons jaunes, collés & maftiqués fur buis, forme plate, avec le N.° 4.
Chapeau bordé d'or.

NORMANDIE.

Habit & vefte de drap blanc piqué de bleu, culotte de tricot gris-blanc, paremens, revers & collet de panne noire, pattes en travers garnies de trois boutons, trois fur la manche, cinq au revers & quatre en deffous : les boutons blancs, collés & maftiqués fur buis, forme plate, avec le N.° 5.
Chapeau bordé d'argent.

LA MARINE.

Habit, vefte & revers de drap blanc piqué de bleu, culotte de tricot gris blanc, paremens & collet de panne noire, pattes ordinaires en travers garnies de trois boutons, trois fur le parement & un en dedans, cinq au revers & quatre au deffous : boutons jaunes, forme plate, avec le N.° 6.
Chapeau bordé d'or.

BEARN.

Habit, vefte, paremens & revers de drap gris-blanc piqué de bleu, culotte de tricot blanc, collet rouge écarlate, poches en travers garnies de trois boutons, autant fur la manche, cinq au revers & quatre en deffous : boutons jaunes, forme plate, avec le N.° 7.
Chapeau bordé d'or.

BOURBONNOIS.

Habit, veſte, paremens, collet & revers de drap blanc, culotte de tri-ſot de même couleur, doubles poches en long garnies de ſix boutons, de deux en deux, l'une des deux pattes, vers les plis de l'habit, plus courtes d'un pouce que l'autre, quatre boutons ſur la manche, cinq au revers & quatre en deſſous : boutons jaunes unis, forme plate, avec le N.° 8.

Chapeau bordé d'or.

AUVERGNE.

Habit & veſte de drap gris-blanc, culotte de tricot de même couleur, paremens, revers & collet violets, pattes ordinaires garnies de trois boutons, autant ſur la manche, cinq au revers & quatre en deſſous : boutons blancs unis, avec le N.° 9.

Chapeau bordé d'argent.

FLANDRE.

Habit & veſte de drap blanc, culotte de tricot de même couleur, paremens, revers & collet violets, pattes ordinaires garnies de trois bou-tons, autant ſur le parement, cinq au revers & quatre en deſſous : bou-tons jaunes unis, forme plate, avec le N.° 10.

Chapeau bordé d'or.

GUYENNE.

Habit, veſte, revers & paremens de drap blanc, collet rouge, culotte de tricot blanc, la poche en long garnie de trois boutons, trois ſur la manche & un en dedans, cinq au revers & quatre en deſſous : boutons jaunes unis, avec le N.° 11.

Chapeau bordé d'or.

DU ROI.

Habit gris-blanc garni de neuf agrémens aurores & autant de boutons jaunes, paremens bleus avec trois agrémens & boutons, poches en travers garnies de trois agrémens & boutons ; veſte bleue garnie de vingt agrémens aurores & autant de boutons, poches garnies de cinq agrémens & boutons, doublure de l'habit, bleue, celle de la veſte en toile rouſſe, culotte de tricot blanc.

Chapeau bordé d'or.

ROYAL

ROYAL.

Habit & vefte de drap blanc, paremens, revers & collet bleus, culotte de tricot blanc, doubles poches en long garnies de trois boutons chacune, trois fur la manche, cinq au revers & quatre en deffous : boutons blancs unis, avec le N.° 13.

Chapeau bordé d'argent.

POITOU.

Habit, revers, vefte & culotte blancs, paremens & collet bleus, doubles poches en long avec chacune fix boutons de deux en deux, quatre auffi de deux en deux fur les manches, cinq au revers, un détaché & quatre de deux en deux, quatre en deffous : boutons jaunes unis, avec le N.° 14.

Chapeau bordé d'or.

LYONNOIS.

Habit, vefte & culotte blancs, paremens, revers & collet rouges, doubles poches en long garnies chacune de trois boutons, autant fur la manche, cinq au revers & quatre en deffous : boutons jaunes, avec le N.° 15.

Chapeau bordé d'or.

DAUPHIN.

Habit, collet, vefte & culotte blancs, paremens & revers bleus, une feule poche en long de chaque côté garnie de neuf boutons en patte-d'Oie, fix petits boutons fur chaque parement, cinq au revers & quatre en deffous : boutons jaunes, avec le N.° 16.

Chapeau bordé d'or.

AUNIS.

Habit, paremens, vefte & culotte blancs, revers & collet rouges, poches à l'ordinaire garnies de cinq boutons, autant aux paremens, cinq aux revers & quatre en deffous : boutons blancs unis, avec le N.° 17.

Chapeau bordé d'argent.

TOURAINE.

Habit, vefte & culotte blancs, paremens, revers & collet bleus, la poche en long garnie de fix boutons, trois fur la manche, cinq au revers & quatre au deffous : boutons blancs, avec le N.° 18.

Chapeau bordé d'argent.

F

AQUITAINE.

Habit, veste & culotte blancs, paremens, revers & collet bleus, poche ordinaire avec cinq boutons, quatre sur les paremens & un en dedans, cinq au revers & quatre en dessous : boutons jaunes, avec le N.° 19.
Chapeau bordé d'or.

EU.

Habit, revers, veste & culotte blancs, collet & paremens bleus, poche ordinaire avec trois boutons, autant sur la manche, quatre au revers & autant en dessous : boutons jaunes, forme plate, avec le N.° 20.
Chapeau bordé d'or.

DAUPHINE.

Habit, veste & culotte blancs, paremens, revers & collet cramoisis, pattes en demi-écusson garnies de sept boutons, trois en hauteur de chaque côté & un à la pointe, trois sur la manche, quatre au revers & quatre en dessous : boutons jaunes plats, avec le N.° 21.
Chapeau bordé d'or.

ISLE-DE-FRANCE.

Habit, collet, veste & culotte blancs, paremens & revers rouges, doubles poches en long garnies chacune de six boutons de deux en deux, trois sur la manche, quatre au revers & quatre en dessous : boutons jaunes & plats, avec le N.° 22.
Chapeau bordé d'or.

SOISSONNOIS.

Habit, revers, culotte & veste blancs, paremens & collet rouges, patte ordinaire garnie de trois boutons, autant sur la manche, quatre au revers & quatre en dessous : boutons jaunes & plats, avec le N.° 23.
Chapeau bordé d'or.

LA REINE.

Habit, veste & culotte blancs, paremens, revers & collet rouges, pattes en écusson garnies de huit boutons, dont quatre sur la hauteur de chaque côté, trois sur la manche, quatre au revers & quatre en dessous : boutons blancs & plats, avec le N.° 24.
Chapeau bordé d'argent.

LIMOSIN.

Habit, vefte & culotte blancs, paremens & revers rouges, collet blanc, patte ordinaire garnie de quatre boutons, autant fur la manche, quatre au revers & quatre en deffous: boutons jaunes & plats, avec le N.° 25.

Chapeau bordé d'or.

ROYAL-VAISSEAUX.

Habit, vefte & culotte blancs, paremens, collet & revers bleus, doubles poches en long garnies de trois boutons chacune, quatre boutons au revers, quatre en deffous: autant fur la manche: boutons jaunes & plats, avec le N.° 26.

Chapeau bordé d'or.

ORLEANS.

Habit, collet, revers, colotte & vefte blancs, paremens rouges, pattes ordinaires garnies de quatre boutons, autant fur la manche, quatre au revers & quatre en deffous: boutons jaunes & plats, avec le N.° 27.

Chapeau bordé d'or.

LA COURONNE.

Habit, vefte & culotte blancs, paremens, collet & revers bleus, pattes ordinaires garnies de trois boutons, autant fur le parement, quatre au revers & autant en deffous: boutons blancs & plats, avec le N.° 28.

Chapeau bordé d'argent.

BRETAGNE.

Habit, paremens, vefte & culotte blancs, revers & collet noirs, pattes ordinaires garnies de quatre boutons, autant fur la manche, quatre aux revers & autant en deffous: boutons jaunes & plats, avec le N.° 29.

Chapeau bordé d'or.

GARDES-LORRAINE.

Habit, collet, paremens & revers bleus, doublure, vefte & culotte blanches, pattes ordinaires garnies de trois boutons, autant fur la manche, quatre aux revers & quatre au deffous: boutons blancs & plats, N.° 30.

Chapeau bordé d'argent.

ARTOIS.

Habit, paremens, revers, vefte & culotte blancs, collet bleu, pattes en écuffon garnies de neuf boutons, trois fur la hauteur de chaque côté & trois en bas prefque en triangle, trois fur les manches, quatre aux revers & quatre au deffous: boutons jaunes & plats, avec le N.° 31.
Chapeau bordé d'or.

BERRY.

Habit, revers, vefte & culotte blancs, paremens & collet cramoifis, poches ordinaires garnies de trois boutons, autant fur la manche, quatre au revers, quatre au deffous: boutons jaunes & plats, avec le N.° 32.
Chapeau bordé d'or.

HAYNAULT.

Habit, vefte & culotte blancs, paremens, revers & collet jaunes citron, patte ordinaire garnie de trois boutons, autant fur la manche, quatre au revers & autant deffous: boutons blancs & plats, avec le N.° 33.
Chapeau bordé d'argent.

LA SARRE.

Habit, collet, revers, vefte & culotte blancs, paremens bleus, patte ordinaire garnie de trois boutons, autant à la manche, quatre au revers & autant au deffous: boutons jaunes & plats, avec le N.° 34.
Chapeau bordé d'or.

LA FERE.

Habit, collet, vefte & culotte blancs, paremens & revers rouges, patte ordinaire garnie de trois boutons, autant fur la manche, quatre au revers & quatre au deffous: boutons blancs & plats, avec le N.° 35.
Chapeau bordé d'argent.

ROYAL-ROUSSILLON.

Habit, vefte & culotte blancs, paremens, revers & collet verd-faxe, patte ordinaire garnie de trois boutons, trois fur la manche, quatre au revers, quatre au deffous: boutons jaunes & plats, avec le N.° 37.
Chapeau bordé d'or.

CONDÉ.

Habit, veste & culotte blancs, paremens, revers & collet ventre-de-biche, patte ordinaire garnie de cinq boutons, autant sur la manche, quatre au revers & quatre au dessous ; boutons jaunes & plats, avec le N.° 38.
Chapeau bordé d'or.

BOURBON.

Habit, veste & culotte blancs, paremens, revers & collet rouges, doubles poches en long garnies chacune de neuf boutons en patte-d'Oie, trois au parement, quatre au revers & quatre au dessous : boutons blancs & plats, avec le N.° 39.
Chapeau bordé d'argent.

BEAUVOISIS.

Habit, veste, paremens & culotte blancs, collet & revers verds, doubles poches en long garnies chacune de quatre boutons à distance égale, trois sur la manche, quatre au revers & quatre au dessous : boutons blancs & plats, avec le N.° 41.
Chapeau bordé d'argent.

ROUERGUE.

Habit, paremens, collet, veste & culotte blancs, revers verd, patte ordinaire garnie de trois boutons, autant sur le parement, quatre au revers & quatre au dessous : boutons jaunes & plats, avec le N.° 42.
Chapeau bordé d'or.

BOURGOGNE.

Habit, revers, veste & culotte blancs, collet & paremens verds, patte ordinaire garnie de trois boutons, autant sur la manche, quatre au revers & quatre au dessous : boutons jaunes & plats, avec le N.° 43.
Chapeau bordé d'or.

ROYAL-LA-MARINE.

Habit, collet, revers, veste & culotte blancs, paremens verds, patte ordinaire garnie de trois boutons, autant sur la manche, quatre au revers & quatre au dessous : boutons blancs & plats, avec le N.° 44.
Chapeau bordé d'argent.

VERMANDOIS.

Habit, paremens, revers, vefte & culotte blancs, collet verd, doubles poches en long avec un paffe-poil verd, garnies chacune de fix boutons de deux en deux, trois fur la manche, quatre au revers & quatre au deffous : boutons jaunes & plats, avec le N.° 45.

Chapeau bordé d'or.

LANGUEDOC.

Habit, paremens, vefte & culotte blancs, revers & collet verds, pattes plus larges que hautes garnies de fix boutons, trois de chaque côté, trois fur la manche de l'habit, quatre au revers & quatre au deffous boutons jaunes, avec le N.° 53.

Chapeau bordé d'or.

BEAUCE.

Habit, vefte & culotte blancs, paremens, revers & collet verds ; patte ordinaire plus échancrée, garnie de cinq boutons dont un à chaque coin & un dans le milieu, trois fur la manche, quatre au revers & quatre au deffous : boutons jaunes, avec le N.° 54.

MEDOC.

Habit, vefte & culotte, paremens & collet blancs, revers verd, patte ordinaire garnie de trois boutons, autant fur la manche, quatre au revers & quatre au deffous : boutons blancs, avec le N.° 56.

Chapeau bordé d'argent.

VIVARAIS.

Habit, revers, collet, vefte & culotte blancs, paremens verds, une poche en long garnie de trois boutons : trois fur la manche, quatre au revers & quatre au deffous : boutons jaunes, avec le N.° 57.

Chapeau bordé d'or.

VEXIN.

Habit, vefte & culotte blancs, paremens, revers & collet verds, une poche en long, garnie de quatre boutons, dont deux au milieu, trois boutons fur la manche, quatre petits au revers & quatre gros au deffous : boutons jaunes & plats, avec le N.° 58.

Chapeau bordé d'or.

ROYAL-COMTOIS.

Habit, revers, vefte & culotte blancs, collet & paremens verds, doubles poches en long garnies de cinq boutons, dont un au milieu & deux à chaque bout, placés en ligne droite fur la largeur de la patte, trois fur la manche, quatre au revers & quatre au deffous : boutons jaunes, avec le N.° 59.

Chapeau bordé d'or.

BEAUJOLOIS.

Habit, paremens, vefte & culotte blancs, revers & collet verds, poche en écuffon, plus large que haute, garnie de cinq boutons en patte d'Oie, dont un à chaque coin, précédés de boutonnières en biais, & un au milieu, trois fur le parement, quatre au revers & quatre au deffous : boutons jaunes, avec le N.° 60.

Chapeau bordé d'or.

PROVENCE.

Habit, revers, vefte & culotte blancs, collet & paremens verds, une patte en long garnie de trois boutons, fix petits boutons en chapelet fur la manche, quatre au revers & quatre au deffous : boutons blancs, avec le N.° 61.

Chapeau bordé d'argent.

PENTHIEVRE.

Habit, revers, vefte & culotte blancs, collet & paremens bleus, la poche en long garnie de trois boutons, à diftance égale, autant fur la manche, quatre au revers & autant au deffous : boutons blancs & plats, avec le N.° 64.

Chapeau bordé d'argent.

BOULONNOIS.

Habit, revers, paremens, vefte & culotte blancs, collet verd, pattes en écuffon garnies de fix boutons, dont deux de chaque côté & deux au milieu, trois fur la manche, quatre petits au revers & quatre gros boutons en deffous : boutons blancs, avec le N.° 65.

Chapeau bordé d'argent.

ANGOUMOIS.

Habit, paremens, collet, vefte & culotte blancs, revers verd, pattes en long garnies de quatre boutons dont deux au milieu, trois fur la man-

che, quatre petits au revers, quatre au deſſous : boutons blancs, avec le N.º 66.
Chapeau bordé d'argent.

PERIGORD.

Habit, revers, veſte & culotte blancs, paremens & collet verds, pattes ordinaires garnies de trois boutons, autant ſur la manche, quatre petits au revers, quatre au deſſous : boutons blancs, avec le N° 67
Chapeau bordé d'argent.

SAINTONGE.

Habit, collet, veſte & culotte blancs, paremens & revers verds, pattes ordinaires garnies de cinq boutons dont un à chaque coin de la patte, & un au milieu, trois ſur la manche, quatre petits au revers, quatre au deſſous : boutons blancs, avec le N.º 68.
Chapeau bordé d'argent.

FORES.

Habit, paremens, veſte & culotte blancs, revers & collet verds, pattes ordinaires garnies de trois boutons, autant ſur la manche, quatre petits au revers, quatre gros au deſſous : boutons blancs, avec le N.º 69.
Chapeau bordé d'argent.

CAMBRESIS.

Habit, collet, revers, veſte & culotte blancs, paremens verds, pattes ordinaires garnies de cinq boutons, trois ſur chaque manche, quatre au revers & quatre au deſſous : boutons jaunes, avec le N.º 70.
Chapeau bordé d'or.

TOURNAISIS.

Habit, veſte & culotte blancs, collet, paremens & revers verds, poches en long garnies de cinq boutons, les trois du milieu en patte d'Oie, trois ſur la manche, quatre petits au revers & quatre gros au deſſous : boutons blancs & plats, avec le N.º 71.
Chapeau bordé d'argent.

FOIX.

Habit, paremens, collet, veſte & culotte blancs, revers verd, la poche en long garnie de neuf boutons en patte d'Oie, trois ſur la manche, quatre petits au revers, & quatre gros au deſſous : boutons jaunes & plats, avec le N.º 72.
Chapeau bordé d'or.

QUERCY.

QUERCY.

Habit, paremens, collet, vefte & culotte blancs, revers verd, la poche en long garnie de neuf boutons en patte d'Oie, trois fur la manche, quatre petits au revers, & quatre gros au deffous : boutons blancs & plats, avec le N.° 73.

Chapeau bordé d'argent.

COMTE-DE-LA-MARCHE.

Habit, revers, vefte & culotte blancs, collet & paremens violets, pattes ordinaires garnies de cinq boutons, trois fur la manche, quatre au revers & quatre au deffous : boutons jaunes, avec le N.° 74.

Chapeau bordé d'or.

CHARTRES.

Habit, revers, vefte & culotte blancs, paremens & collet rouges, poches en écuffon plus larges que hautes garnies de cinq boutons en patte d'Oie, dont un à chacun des quatre coins précédés des boutonnières en biais, & un au milieu ; trois boutons fur la manche & un en dedans, quatre au revers & quatre en deffous : boutons jaunes, avec le N.° 81.

Chapeau bordé d'or.

CONTY.

Habit, collet, paremens, vefte & culotte blancs, revers bleu, pattes ordinaires garnies de trois boutons, autant fur la manche, quatre au revers & quatre au deffous : boutons blancs, avec le N.° 82.

Chapeau bordé d'argent.

ENGHIEN.

Habit, revers, vefte & culotte blancs, paremens & collet rouges, doubles poches en long garnies de cinq boutons, trois au milieu & un à chaque extrémité, cinq fur la manche, quatre au revers & quatre au deffous : boutons blancs, avec le N.° 85.

Chapeau bordé d'argent.

Le Colonel portera une épaulette de chaque côté en or ou argent, felon la couleur du bouton blanc ou jaune affecté au Régiment, ornée de frange riche à nœuds de cordelières.

Le Lieutenant-Colonel portera à gauche une feule épaulette de même, garnie de frange comme celles du Colonel.

G

Le Major portera une épaulette de chaque côté en or ou en argent, ornée de frange feulement fans graines d'épinards ou nœuds de cordelières.

Le Capitaine, & l'Aide-Major qui aura commiffion de Capitaine, porteront une épaulette en or ou en argent, ornée de frange feulement comme celles du Major.

Le Lieutenant ne pourra porter l'épaulette pleine en argent, elle fera lofangée de carreaux de foie jaune ou blanche, de forte que fi le bouton eft jaune, le fond de l'épaulette fera en or lofangé de foie blanche ; fi au contraire le bouton eft blanc, le fond de l'épaulette fera en argent lofangé de foie jaune ; la frange fera mêlée d'or, ou d'argent & de foie.

Le Sous-Lieutenant portera l'épaulette à fond de foie jaune ou blanche, felon la couleur affectée à chaque Régiment, avec des carreaux d'or ou d'argent en oppofition à la couleur du fond de l'épaulette.

Le Porte-drapeau portera l'épaulette à fond de foie jaune on blanche, liferée d'or ou d'argent.

L'habillement des Sergens, Caporaux, Appointés & Soldats de tous les Régimens d'Infanterie Françoife indiftinctement, à l'exception du Régiment des Grenadiers de France & de celui des Gardes-Lorraines, qui continueront de porter le jufte-au-corps bleu, fera compofé,

S Ç A V O I R.

Le jufte-au-corps & la vefte de drap gris-blanc, piqué de bleu, doublés de cadis ou ferge blanche ; avec paremens & revers des couleurs réglées pour chaque Corps, garnis de la quantité & efpèce de boutons fixée & déterminée pour chaque Régiment.

Les revers pour tous les Régimens d'Infanterie Françoife, auront treize pouces de long fur trois pouces & demi de large, & feront garnis de petits boutons de vefte, en nombre fixé & déterminé pour chaque Corps.

Le collet aura quatre pouces de largeur pour qu'il en demeure en dehors trois apparens.

Les culottes feront de tricot blanc, doublées de toile.

Tous les Tambours porteront la petite livrée du Roi avec les revers, collets & paremens des couleurs déterminées & réglées pour chaque Régiment, coupe des poches & pofition des boutons ; à l'exception de ceux des Régimens de la Reine & des Princes du Sang, qui continueront à porter leurs livrées, en se conformant aux marques distinctives de l'uniforme de chaque Corps.

Les boutonnières ne seront faites qu'en poil de chévre gris-blanc, celui des autres couleurs étant expressément défendu.

L'Officier ne pourra porter, sous nul prétexte que ce soit, aucun galon, ni fil d'or ou d'argent à son uniforme.

Fait à Versailles, le dix décembre mil sept cent soixante-deux. *Signé*, LOUIS. *Et plus bas*, LE DUC DE CHOISEUL.

De l'Imprimerie de la veûve de C. M. CRAMÉ, Imprimeur ordinaire du Roi.